研学旅行中，身体受伤怎么办？

不同于游山玩水、放松心情的旅行，研学旅行需要我们带着问题去旅行，带着研究性学习的目的去旅行。

每一次研学旅行都有着独特的自然环境和研学内容，因此可能会出现各种各样的身体安全问题，如因来到异地水土不服或因饮食习惯差异等而导致的腹痛腹泻，因行程仓促、天气炎热或是不小心撞到而流鼻血，因饮食时打打闹闹、囫囵吞咽等导致异物卡喉，或因户外活动未作好安全措施等导致摔伤骨折等。

遇到上述身体受伤害的情况怎么办呢？除了依靠同行老师和相关工作人员的提醒和保护，我们也要有一定的防范意识，掌握基本的预防和治疗措施，在意外出现时也可以及时救治，以免情况加重。

目 录

腹痛腹泻

　　腹泻的常见病因有细菌或病毒感染、食物中毒、着凉等，表现为排便次数增多，性状改变，总量增加等。腹泻时常伴有腹痛、恶心、呕吐、发热等现象。研学旅行途中若发生腹痛腹泻，会严重影响原本的学习和行程，我们要掌握相关的预防措施及救治攻略，尽量减轻或避免这种情况造成的不良影响。

① 注意保暖。肠胃受凉容易引起腹痛腹泻。

② 注意个人卫生。饭前便后要洗手，接触过不干净的物体后一定要洗手才可以拿吃的东西。

③ 注意食物卫生。吃蔬菜、水果等食物时一定要清洗干净。

④ 不吃生食或未熟透的食物。这类食物不易消化，还可能会滋生细菌，甚至食物中毒。

⑤ 不吃过期、变质的食物。如未吃完的水果、未喝完的酸奶，即使放在冰箱里也可能会变质。不吃过于辛辣的食物。辛辣的食物会加重肠胃的负担，影响胃部的消化功能。

⑦ 不要暴饮暴食。

⑧ 炎热的夏季，空调温度不要调到太低，也不要正对着空调吹风。

1 按摩腹部，每天 3 次，每次 10~15 分钟。按摩腹部可以一定程度地缓解腹痛，也能促进肠道蠕动和腹部的血液循环。

2 腹泻可能引起脱水，要及时补充水分和盐分。

3 不能吃辛辣的食物，这样可能会加重腹痛腹泻的症状。

4 普通的腹泻不需吃止泻药，若持续时间太长，可以按照说明吃止泻药，并及时去看医生。

流鼻血

流鼻血的原因有多种，如鼻部炎症、鼻外伤、日晒过热等。在干燥的季节，鼻腔因过于干燥，毛细血管容易破裂，较易发生流鼻血的现象。

 **预防措施**

1 注意饮食。少吃辛辣食物，多吃富含维生素 C、E 的食物，如绿色蔬菜、新鲜水果等，巩固血管壁，增强血管弹性，以防破裂出血。

2 尽量不要擤鼻涕、挖鼻孔，以防损伤鼻腔黏膜血管。

3 每天用手轻轻按摩鼻部和脸部皮肤，促进局部血液循环和营养供应。

 **救治攻略**

1 流鼻血不要慌乱紧张，情绪稳定有利于止血。

2 在止血之前，尝试轻轻地把鼻子里的血块擤出来。

3 在流血的鼻孔里塞一小块消过毒的湿纱布或卫生棉球，用来止血。

4 低头用手指捏紧鼻翼上方，紧压 5~10 分钟不松手，用嘴巴进行呼吸。

5 用手捧凉水拍打在额头上，或者用冰毛巾敷在额头或鼻子上。

6 尝试了上述方法还不能止血的话，要立即去医院做检查。

7 不可以把手纸塞进鼻腔内止血，这样会在鼻腔内留下纤维质，引起再次出血。

8 流鼻血后的 7~10 天内，尽量不要用力揉鼻孔、打喷嚏或者做剧烈运动，以防再度出血。

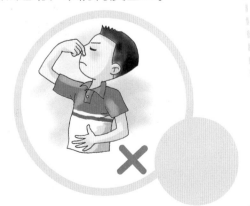

异物卡喉

用餐时，我们有时会出现鱼刺卡在喉咙等异物卡喉的现象，有人说要用醋，有人说要吞饭，我们到底应该怎样做呢？

① 吃鱼等带刺、带骨头的食物时，要先挑出刺再食用。

② 吃东西时不要嬉笑打闹，不要边吃边说话。

③ 食用果冻、葡萄等软质食物时，要小心谨慎，不要一口吞食。

④ 不要将纽扣、玻璃珠等物品含在口中，这样既不卫生，也容易发生危险。

① 一旦发生异物卡喉，要立即停止进食，不可以大口吞食米饭试图咽下异物。吞饭、喝醋、催吐等方法都是错误的，这样会将异物推入体内。

馒头

② 保持冷静，迅速用清水漱口。

饭团

③ 示意同伴、老师用勺子、牙刷或其他物品压住舌头前部，在亮光下仔细查看舌根部、扁桃体、咽后壁等部分，若发现异物，用镊子或筷子轻轻夹出，之后吞服少量清水。

醋

④ 如果尝试第三点后仍找不到异物，可试着坐在椅子上，面朝地面用力咳，争取将异物咳出。

⑤ 异物卡喉导致呼吸困难，应立即采用海姆立克急救法。

⑥ 如果尝试上述方法仍无效果，应立即去往附近的医院就诊。

烧伤烫伤

　　同学们外出研学旅行，不小心被烧伤烫伤的情况时有发生。父母不在身边，一定要更加地注意潜在的烧伤烫伤危险，学会烧伤烫伤后的急救方法。

预防措施

1 洗澡时，应先放冷水，再加热水。记得先试探水温。

2 开水壶要放在安全的地方，避免不小心碰到。

救治攻略

1 用凉水冲洗烧伤烫伤处 20 分钟，这样可以带走局部组织的热量。若大面积烧伤烫伤则不能用凉水冲洗，可能会造成休克。

2 不可用冰块冰敷烧伤烫伤处，以防温度太低伤口恶化。

3 不可涂抹牙膏，牙膏会导致皮肤的热气无处散发，从而扩散至皮下组织或更深处，造成更严重的伤害。

④ 不可涂抹酱油，酱油没有治疗功效，它的颜色还会扰乱医生的判断。

⑤ 若烧伤烫伤处包裹在衣服内，冲洗之后要小心脱掉衣物。如果衣服粘住了皮肉，要用剪刀剪开，不能暴力扯掉，以防撕裂伤口。

⑥ 若烧伤烫伤处有水泡，一般不要弄破，以防留下疤痕。若水泡过大或在关节等易破位置，可用消毒针扎破，再用消毒棉签擦干水泡周围的液体。

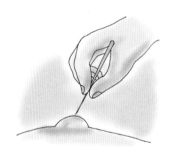

⑦ 在烧伤烫伤处涂上药膏，用干净的纱布包扎好，两天后解开查看，若伤口处有好转则继续涂药膏包扎。若有恶化迹象应立即找医生治疗。

⑧ 伤口包扎后尽量不要碰水，也不要过多地活动，以免伤口和纱布摩擦，增加愈合时间。

⑨ 若烧伤烫伤面积过大，不要自行处理，要立即去医院。

骨 折

研学旅行，免不了要外出活动，在活动中可能隐藏着一些危险，我们应该怎样预防以避免自己遭受伤害呢？不小心骨折了应该怎样应急处理呢？

预防措施

1 运动时要注意穿戴衣服的安全:口袋中不要装钥匙、小刀等尖锐物品；不要佩戴金属、玻璃装饰物；穿舒适的运动鞋，衣服要宽松舒适。

2 在运动过程中要做好运动防护，增强安全意识。

3 养成坚持锻炼的好习惯，增强肌肉的力量和骨骼的韧性。

4 多晒太阳，帮助体内钙的合成与吸收，增强骨骼的承受能力。

5 养成良好的生活习惯，不抽烟，不喝酒，不喝浓茶。

救治攻略

1 第一时间向同伴、老师求救，及时拨打"120"。

2 不要随便移动伤者，在原地等待救援。错误的搬动可能使尖锐的碎骨压迫或切断附近血管或神经，甚至刺伤其他器官，造成更严重的伤害。

3 若骨折处有大量出血，应先止血再固定。

4 轻度无伤口时，可以使用冰块冷敷骨折处，缓解疼痛和肿胀。

5 如果附近没有医生，需要将伤者抬去治疗，运送的过程一定要特别小心，尽量固定伤肢，若无法固定要用担架抬病人，注意轻抬轻走轻放。

痛 经

痛经是指女生在经期出现的腹部绞痛、胀痛或其他不适的情况，还可能伴有恶心、呕吐、腹泻、头晕等症状，严重者会严重影响该段时间的生活质量。若在研学旅行途中发生痛经现象，应如何预防和缓解呢？

预防措施

1 不要吃生冷的食物，不要吃寒性的食物，如芒果、香蕉等。

2 保持经期卫生。

3 保持心情舒畅，不动气。

4 要注意经期保暖，避免受寒和经期感冒。

5 健康饮食，不吃垃圾食品，要多吃蔬菜、水果等。

咖啡

救治攻略

1 尽量卧床休息，保证充足的睡眠时间。

2 少吃、尽量不吃含咖啡因的食物。咖啡因会令人神经紧张，导致月经不调。

3 避免接触冷水，注意保暖。

4 喝热水。热水可以帮助身体抵抗外界寒湿的侵蚀，还可以促进经血排出。

5 多喝热牛奶可以缓解痛经。

6 待痛经状况减轻后进行轻度的适量运动，这样可以促进机体新陈代谢，改善血液循环，减轻盆腔充血和小腹坠痛感。但锻炼时间宜短，运动量宜小，运动速度宜慢。

7 若痛经症状太严重，要及时去医院检查。

牛奶

研学旅行中，遭遇意外事故怎么办？

研学途中，我们可以欣赏各个地方美妙的、独特的自然风景，也可以体验各地的特色活动、风土人情，但研学旅行时也要谨防意外事故。如夏季来到一些天气较为炎热的地区进行研学，很容易发生中暑情况；在春季、秋季等换季时节，可能会产生皮肤过敏的现象；在丛林、森林等植物资源丰富的地方研学，可能会有被毒蛇咬伤、火灾等情况……

　　接下来，我们一起来学习如何预防这些意外事故的发生，如果真的发生了，我们又该怎样处理呢？

在暑热、高温、潮湿的环境下，因出现体温调节中枢的功能障碍、水电解质平衡失调、汗腺功能衰竭等情况，可能会产生头痛、头晕、口渴、多汗、四肢无力、面色潮红、皮肤灼热，甚至热痉挛等中暑症状。研学旅行多在寒暑假期间，炎热的天气、较大的活动量，若没有较好的预防措施，极易造成中暑，中暑后应该如何应急处理？又应如何预防中暑呢？

① 轻微中暑可能出现头晕、胸闷、心悸、面色潮红、皮肤灼热、体温升高等症状。严重中暑可能出现大量出汗、血压下降、晕厥、肌肉痉挛，甚至发生意识障碍、嗜睡、昏迷等症状。

② 发觉身体不适时，应及时到阴凉处或室内休息，必要时要寻求他人的帮助。

③ 高温天气外出活动时，要少量多次喝水。

① 尽快将病人转移到阴凉通风处，解开衣扣，饮用含有盐分的饮料或口感微咸的冷盐水、葡萄糖水。

② 用冷水擦身，头颈部、腋窝等处敷冷毛巾或放置冰袋，同时用风扇吹风降温。

③ 在积极进行上述处理的同时，迅速向同伴、老师和"120"求救。

④ 如意识丧失、痉挛剧烈，应让患者侧卧，头向后仰，保证呼吸道畅通。

⑤ 若患者不省人事，应检查其呼吸及脉搏，必要时立即进行人工呼吸。

过敏主要有粉尘过敏和食物过敏两种。春季是粉尘过敏的高发季节，植物花粉、空气浮尘、室内虫螨等都可能造成皮肤过敏；鱼虾、鸡蛋、牛奶等富含蛋白质的食物较容易引起食物过敏，过敏严重很可能引起严重反应甚至死亡。

预防措施

1 远离过敏原。常见的过敏原有海鲜、禽蛋、牛奶、花生、花粉、化妆品、药品等，容易过敏的人要清楚自己的过敏原，必要时可以去医院做个过敏原测试。

2 化妆品要慎用。要清楚护肤品、化妆品的用法，尽量避免使用含酒精、强效美白等可能刺激皮肤的化妆品。

3 注意防晒。过度日晒可能会使皮肤老化，防晒产品最好选择防晒霜和物理性防晒产品。

4 注意皮肤补水。

5 注意个人卫生。注重皮肤的清洁，贴身衣物、床单被罩等应勤洗勤换。

多吃新鲜水果

6 加强体育锻炼。运动能够促进血液循环，增强皮肤的抵抗力。

7 常备抗敏退敏的药物，还可以选择一些纯天然的外用护肤品。

8 注意饮食营养均衡。多吃蔬菜水果等可以改善过敏体质。

9 多喝水。喝水不仅可以补充人体必需的水分，还可以加速体内代谢废物的排出。

① 皮肤过敏往往伴随着皮肤瘙痒，切记不可抓挠。

② 过敏后不要继续使用化妆品，要对皮肤进行细致的保养和护理。

③ 不可用热水烫洗，热水烫洗会使毛细血管的通透性增强，促进过敏物质的释放。

④ 可以用冷水冰敷。这样可以较快地减轻皮肤红肿瘙痒的症状。

⑤ 饮食宜清淡，不可食用辛辣的、刺激性的食物，如海鲜、多脂、多糖类等。

⑥ 多喝水，水分可以稀释、加速致敏物质的排出。

⑦ 不可滥用药物，情况严重的要及时就医。

毒蛇咬伤

探究动植物类的课题，免不了去植物园、森林这一类的目的地，这类目的地保持着较好的生态，也较容易发生被毒蛇咬伤事件。被毒蛇咬伤后一定要做好紧急处理，否则很有可能危及生命。

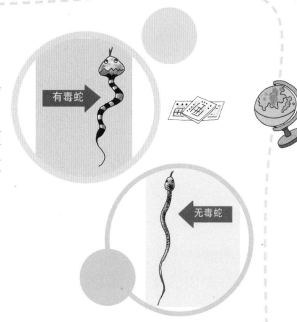

有毒蛇

无毒蛇

1 无毒蛇一般头部为椭圆形，尾部细长，体表花纹多但不明显。毒蛇一般头部为三角形，头大颈细，尾短而突然变细，体表花纹较为明显。

2 如果伤口的牙印整齐，一般是被无毒蛇咬伤。如果伤口有两个很深的牙印，一般是被有毒蛇咬伤的。

3 路过草丛、树林等毒蛇较常出没的地方，可以先在裤子上涂抹硫磺、石灰等驱蛇物质。

4 大多数情况下被毒蛇咬伤是因为踩踏或接触到毒蛇，一般来说毒蛇不会主动攻击人类。

5 被毒蛇追赶时，采用"之"字形逃跑，不要走直线。

6 如果在室内发现蛇，可以用醋进行熏蒸。

救治攻略

1 被毒蛇咬伤时要迅速观察毒蛇的特征，尽量能够对其拍照，以便告知医生。

2 立即大声呼喊同伴、同行老师，进行求救。

3 用绳子或带子结扎在伤口向心脏方向 3~5 厘米处，防止血液回流。每隔 10 分钟左右要放松 2~3 分钟，以防肢体坏死。

4 用冷茶、冷开水或泉水冲洗伤口，有条件的可以用生理盐水、肥皂水冲洗。

5 不要轻易采用刀刺排毒、用嘴吸毒等方式排出毒液。

6 尽快拨打"120"，在原地等候，或者迅速自行前往医院。

7 救治毒蛇咬伤的抗毒血清与毒蛇的种类基本一一对应，且抗毒血清注射越早疗效越好，尽可能在 24 小时内注射，有些医院可能没有抗毒血清，要调配血清或转院治疗。

食物中毒常常是因为吃了"有毒食物"引起的急性中毒性疾病。常见的症状有头晕、头痛、呕吐、腹痛、腹泻、发烧等。食物中毒的类型主要包括以下几种：

1. 细菌性食物中毒：高温、潮湿天气时，动植物很容易受到细菌的感染，如果烹调、储存不当，很容易中毒。

2. 化学性食物中毒：有些食品可能会混入农药、化肥、亚硝酸盐等有毒物质，食用这类食物很容易造成食物中毒，且症状严重。

3. 有毒动植物中毒：有些食物本身含有毒性，如河豚、生鱼胆、毒蘑菇、发芽土豆，如在烹调过程中没有清除或破坏有毒物质，食用后便会造成食物中毒。

4. 真菌毒素和霉变食物中毒：有些食物被毒霉菌感染会产生大量霉菌，如霉变的玉米、花生等，食用这类食物会造成食物中毒。

① 不吃不新鲜的、变质的食物。

② 不吃来历不明的食物，如野外采摘的蘑菇、野菜等。

③ 未煮熟的豆角、发芽的土豆、发霉的花生等，都会引起食物中毒。

④ 饭前便后要洗手，尽量不要用手直接抓食物，在食用前要彻底清洁食物。

洗手六步法

第一步：掌心相对，手指并拢，相互搓揉；

第二步：手心对手背沿指缝相互搓揉，交换进行；

第三步：掌心相对，双手交叉指缝相互搓揉；

第四步：弯曲手指使指关节在另一掌心旋转搓揉，交换进行；

第五步：一手握住另一手大拇指旋转搓揉，交换进行；

第六步：将五个手指尖并拢，放在另一手掌心旋转搓揉，交换进行。

一

二

三

四

五

六

5 尽量不吃剩饭剩菜，如需食用要彻底煮熟食用。

6 要用消毒过的专用容器，或干净的保鲜袋等包装食品。不要用废报纸包装食品。

7 饮用符合卫生标准的饮用水。不要饮用未经煮沸的、未过滤的水。

8 要遵照医嘱服用药物，不要私自滥用药物和保健品，不服用过期药品。

9 喝适量的酸奶，可以调节肠道菌群的平衡。

10 购买食品时一定要查看商品的质量安全标志、生产厂家、生产日期、保质期等，不要购买没有质量安全标志的和过期的食品。

1 停止进食引起中毒的可疑食物，症状严重的要立即拨打"120"或迅速送往医院。

2 面部朝下，把手指伸入口中进行催吐，尽可能地将胃内残留的食物尽快排出。

3 催吐后喝大量淡盐水，可以稀释进入血液的毒素。

4 如果吃下引起中毒的可疑食物时间较长，且精神状态良好，可以服用泻药，促使有毒食物排出体外。

5 收集可疑的食物和呕吐物，送往医院进一步诊治。

电梯故障

随着高楼大厦的出现，电梯变得随处可见。外出研学旅行住酒店、参观博物馆等都离不开乘坐电梯，电梯故障成了我们的一大烦恼事故。电梯主要有垂直电梯和自动扶梯两种，你知道乘坐这两种电梯时有哪些注意事项吗？如果电梯发生故障了，我们应该如何自救呢？

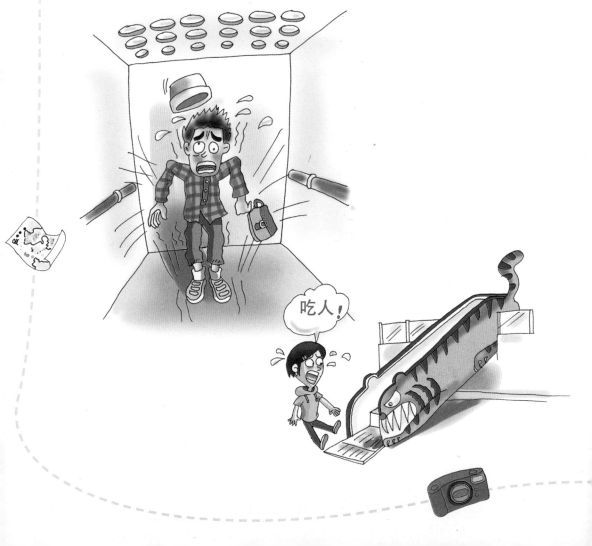

乘坐垂直电梯

① 文明乘梯，先出后进，不要拥挤。

② 不要在电梯内蹦跳、左右摇晃。

③ 不要强行阻止电梯门关闭。

④ 进出电梯要注意电梯厢是否到位，防止电梯不到位踏空跌入电梯井。

⑤ 不要倚靠电梯门。

⑥ 留意脚下情况，等电梯停稳再迅速出去。

乘坐自动扶梯

① 乘坐自动扶梯时，要注意自己的衣服、鞋子或其他物品，防止被挂住或绞进电梯缝隙。

② 不要在扶梯上蹦跳、奔跑、嬉戏打闹，不要转过身来，背对着电梯运行方向和别人聊天。

③ 站在电梯黄色线的边框内，以防被夹。

④ 身体不要倚靠电梯，握紧扶手，双脚站稳。

⑤ 在自动扶梯的出口处，应顺梯级抬脚迅速迈出，跨过梳齿板踏在前沿板上，以防被绊倒或鞋子被夹住。

⑥ 不要在自动扶梯口逗留，影响他人。

被困垂直电梯

1 按紧急求救按钮。紧急求救按钮一般都与值班室或者监控中心相连，若有人回应，就耐心等待救援。

2 用手机拨打电话求救。

3 间断地拍打电梯，以引起路过人员的注意，等待救援人员。

4 若电梯下坠：①迅速按下每一层楼的电梯按键，这样电梯可能会停在任意一个楼层。②用手握紧电梯内的手把，固定自己的位置，以防重心不稳而摔伤。③背部和头部紧贴电梯内壁，保持一条直线，以保护脊柱。④膝盖呈弯曲状态。韧带是人体最有弹性的一个组织，我们可以借助膝盖弯曲来承受压力。

按下每层电梯键

自动扶梯故障

1 迅速向他人求助，提醒按下紧急停止按钮。按钮一般位于电梯运行指示灯的下方，按下按钮后 2 秒电梯会缓慢停下。

2 若出现拥挤或摔倒等情况，双手十指紧扣，护住后脑和脖子，双肘护住太阳穴的位置，双膝尽量前屈，护住胸腔和腹腔，避免身体碰撞，保护关键位置。

火　灾

　　火为人类的生活带来了极大的便利，但使用不当造成火灾，又会给人类造成巨大的损失。我们要学会正确使用火，学会预防火灾和火灾自救的技能。

预防措施

1 树立消防意识，戒除玩火的恶习，养成安全、谨慎用火的好习惯。

2 蚊香、蜡烛等明火用具不能放在可燃物上，要与衣服、纸等可燃物保持一定的距离，以防被风吹倒或碰翻，从而引发火灾。

3 不要频繁地开关家电，使用完电器后要及时关闭电源，并拔下电源插头。

4 认识、了解消防标志。

5 学会正确使用灭火器：取出灭火器，拔掉保险销——一手握住压把，一手握住喷管——对准火苗根部喷射。

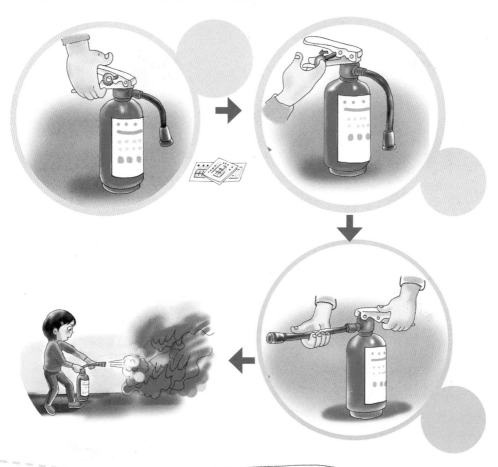

6 学会正确使用消防栓：打开消防栓门——取出并甩开消防水带——接上水源和水枪———一人打开水阀门，另一人手握水枪对准火焰根部喷洒。

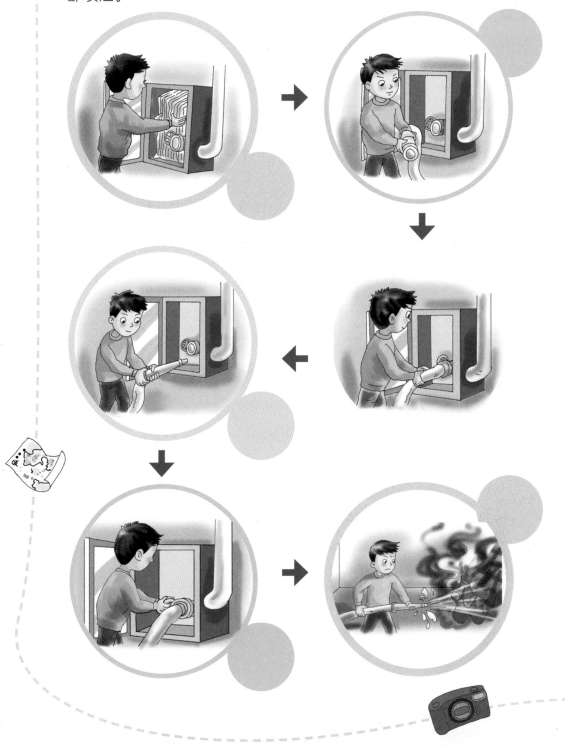

1 发现火灾时，应立刻拨打"119"电话请求救援。报警时要说明失火地址、周围的标志性建筑物、火势大小、是否有人被困等情况。

2 不同的火灾有着不同的灭火方法：

　　①电器引发的火灾：要先切断电源，再用灭火器或泡沫、干沙土进行灭火。

　　②实验室药品起火：用灭火器或干沙土灭火。

　　③油锅起火：用锅盖或湿布盖在起火的油锅上。

　　④燃料、油漆起火：用干粉或泡沫灭火器、干沙土灭火。

3 火灾发生时不要乘坐电梯逃生，不要跳楼，不要盲目躲藏。

4 火灾逃生要沿着有"安全出口"标志的通道走，不要随便瞎走。

5 火灾发生时，用湿衣服或毛巾捂住口鼻，匍匐前进，不要大声说话，避免吸入浓烟。

6 逃生时每过一扇门窗，要随手关闭，这样可以减缓烟火蔓延，获得更长的逃生时间。

7 若身上着火，应迅速脱下衣服，或就地翻滚把火扑灭，千万不要带着火迎风跑动。

8 若被烟火围困，尽量待在阳台、窗口等容易被人发现且避免烟火的地方，晃动鲜艳的衣物吸引行人注意，以发出求救信号。

9 若失去自救能力，要努力滚到墙边或门边，以便消防员寻找和营救，同时防止房屋倒塌砸伤自己。

溺　水

炎炎夏日，凉爽的海滨、河流和小溪能给人们带来清凉的慰藉，但享受凉爽的同时，也存在着一些潜在的危机，多了解一些游泳、防溺水知识，能更好地保护自己。

① 不要私自下水游泳。

② 游泳一定要在有安全设施、有救援人员的水域。

③ 一些贴有"禁止游泳""水深危险"等标志的地方，即使有大人、老师陪同也坚决不要下水。

④ 在海边玩耍时，尽量要有大人或老师陪同，涨潮退潮时要远离海水，以免被卷入巨浪中。

⑤ 游泳时如果感到寒冷，或出现抽筋的现象，要立刻离开水面，并告知同行的老师或救助人员。

自救

① 落水后要保持冷静，会游泳的要迅速调整成游泳姿势，不会游泳的要屏住呼吸，放松，尽可能保持仰姿，不要大喊大叫。

② 尽量抓住水面上的漂浮物，如木板、树枝、桌椅等。

③ 如果仰姿无法保持身体上浮，要及时调整，身体前倾，双脚像踩自行车一样踩水，双手划水。

④ 挣扎的过程中，头部露出水面时要换气再屏气，如此反复。

救助他人

1 若发现有人落水，不要私自下水施救，应先大声地向过往的大人求救，用树枝、绳索等施救，或将救生衣、泡沫等漂浮物丢给落水者。

2 将落水者救上岸后，要迅速清理落水者口鼻中的异物，以保证气道的畅通。

3 对落水者进行控水处理：将落水者俯卧在救护者的大腿上，借助体位让落水者排出水。

4 及时脱去落水者的湿衣湿裤，并盖上干的衣物，以防着凉。

5 若落水者呼吸或心跳停止，要立即进行心肺复苏，呼吸或心跳恢复后立即送往医院抢救。

研学旅行中，突遇自然灾害怎么办？

自然灾害具有广泛性和区域性，比如说：在夏季的南方地区研学，偶遇高温和暴雨灾害的概率非常大；在海边地区研学，可能会遇到台风；在山区研学，可能会遇到泥石流；在一些空气污染严重的地区，可能会遭遇雾霾灾害……

　　自然灾害还具有不可避免性，在研学旅行的过程中，它们不会因人类出行而停止，但部分造成灾害的自然现象还是有一定的预测性，比如高温、暴雨、台风等，因此，我们要学会在这些自然现象来临的前后，如何更好地保护自己。

地 震

　　我国位于世界两大地震带——环太平洋地震带与地中海—喜马拉雅地震带的交汇部位，地震活动具有频度高、强度大、震源浅、分布广的特点，发生 6 级以上地震的地区几乎遍布全国，是一个震灾严重的国家。据统计分析，台湾地区 7 级以上地震的发生率占全国总数的百分之四十以上，6 级以上地震发生率占全国总数的百分之五十三以上；西藏、新疆、云南、四川、青海、河北等省（自治区）发生 6 级以上地震次数大于 5 次。

　　地震灾害具有突发性、瞬时性，绝大多数的地震还不能做到提前预知预报，且往往瞬间发生、出乎意料，使人措手不及。地震造成的伤亡很大，山崩地裂、房屋倒塌，还易引起火灾、有毒有害气体扩散等。

若地震时身处室内

① 远离玻璃制品、门窗、灯具、家具等容易坠落的物体。

② 蹲下，双手紧抓写字台、桌子等固定的物体。或用双臂护住头部和脸部，蹲伏在房间的角落。

③ 在晃动停止并确认户外安全后，再离开房间。

④ 不可使用电梯逃生。

若在开动的汽车上

① 小心行车，注意道路状况和桥梁状况。

② 尽快靠边停车，留在车内。

③ 不要停在树下、建筑物下、立交桥下、电线杆旁、路灯旁。

若在室外

① 远离建筑物、大树等可能会倒塌的物体。

② 保护好头部，待在空旷的地方，不要胡乱跑动。

若被困在废墟下

1 用手帕或布遮住口鼻。

2 如果可以移动，尽快寻找更为安全的三角空间。如果不可移动，就待在原地保存体力。

3 敲击管道、墙壁求救。在没有其他求救方式时再通过呼喊求救，因为呼喊可能会吸入有害灰尘并且消耗能量。

地震过后

1 一定要穿鞋，地下可能会有玻璃残渣和碎片。

2 地震可能会出现手机没信号的状态，这时要注意保存手机电量，如关闭所有耗电的程序。

3 若拨打电话无信号，可以尝试发短信，将自己的情况告知亲朋好友。

4 若有人受伤流血，压迫受伤处止血。

5 尽量不要移动伤员，用毯子或衣物包裹伤员，保持体温。

6 若身处海边区域，要警惕地震后海啸的发生。尽量待在内陆的高地。

7 不要吃可能变质或受污染的食物。

8 若电线受损，应立即切断电源，不要触摸掉落的电线和受损的电器。

9 不要急于返回室内，以防余震发生。

台风

台风，是在大气中绕着自己的中心急速旋转的、同时又向前移动的空气涡旋，主要发生在西北太平洋和南海一带的热带海洋上，在北半球逆时针转动，在南半球顺时针旋转。气象学将大气中的涡旋称为气旋，因台风这种大气中的涡旋产生在热带洋面，所以台风又被称为热带气旋。伴随热带气旋而来的常常是强烈的天气变化，如狂风、暴雨、巨浪、风暴潮和龙卷风等等。

台风的命名

产生在西北太平洋和南海海域的台风采用一套统一的热带气旋命名表，按顺序命名，循环使用。热带气旋命名表共140个名字，由柬埔寨、中国、朝鲜、泰国、美国等14个国家各提供10个名字组成。对造成特别严重灾害的热带气旋，台风委员会成员可以申请将该热带气旋使用的名字从列表中删除，也可因其他原因删除，每年的台风委员会将审议台风命名表，用新的名字代替已删除的命名。

台风预警信号

台风蓝色预警

24小时内可能或者已经受热带气旋影响，沿海或者陆地平均风力达6级以上，或者阵风8级以上并可能持续。

台风黄色预警

24小时内可能或者已经受热带气旋影响，沿海或者陆地平均风力达8级以上，或者阵风10级以上并可能持续。

台风橙色预警

12小时内可能或者已经受热带气旋影响，沿海或者陆地平均风力达10级以上，或者阵风12级以上并可能持续。

台风红色预警

6小时内可能或者已经受热带气旋影响，沿海或者陆地平均风力达12级以上，或者阵风达14级以上并可能持续。

台风来临前

①台风预防的重点时间是台风登陆前 1~6 小时，而不是登陆时。

②及时上网查阅台风预警信息，了解台风的动向及防台风的对策。

③关紧门窗，固定易被风吹动的物体。

④不要待在可能会被淹没的低洼地区。

⑤不要去台风经过的地区旅行或游泳，更不要乘船出海。

⑥检查房间内的电路、煤气、炉火等设施是否安全。

⑦台风可能会导致停电停水，要提前把手机、充电宝等充满电，储存足量的水。

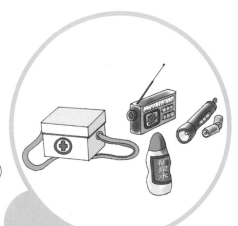

台风来临时

① 提前备好生活用品，尽量不要外出。

② 尽量关闭电器等易引起雷击的设施。

③ 关闭门窗，在窗玻璃上用胶布贴成"米"字图形，可以防止玻璃破碎。

④ 若身处室外，不要在临时建筑物、广告牌、铁塔、大树等附近避雨。

台风过后

① 台风后要注意食物、水的卫生安全问题，谨防感染疫病。

② 台风往往伴随着强降雨，因此还要注意做好防洪工作。

③ 台风过后外出要避开路上的积水，谨防触电。

④ 不要接近危险建筑物，谨防房屋倒塌等危险。

暴 雨

　　暴雨是降水强度很大的雨，一般指每小时降雨量 16 毫米以上，或连续 12 小时降水量 30 毫米以上，或连续 24 小时降雨量 50 毫米以上的降水。

　　在我国，冬季暴雨多发生在华南沿海地区。4~6 月，暴雨多发生在华南地区，6~7 月，长江中下游频发持续性暴雨，7~8 月，北方各省迎来暴雨季节。

暴雨预警信号

暴雨蓝色预警

12 小时内降雨量将达 50 毫米以上，或者已达 50 毫米以上且降雨可能持续。

暴雨黄色预警

6 小时内降雨量将达 50 毫米以上，或者已达 50 毫米以上且降雨可能持续。

暴雨橙色预警

3 小时内降雨量将达 50 毫米以上，或者已达 50 毫米以上且降雨可能持续。

暴雨红色预警

3 小时内降雨量将达 100 毫米以上，或者已达到 100 毫米以上且降雨可能持续。

自救攻略

① 尽量待在室内，等雨势转小再出行。

② 若在外遇到暴雨，尽量找安全的躲雨处，如高楼、地铁站等。

等雨小了再走

尽量不要在室外打电话

③ 尽量不要在室外打电话。

④ 不要在树下躲雨，远离高压线、电线、路灯等，远离排水沟和井盖等。

⑤ 若在山区遇到暴雨，要注意山体滑坡、泥石流等危险，万一遇到，千万不要顺着泥石流的方向跑，要向垂直于山体泥石流倒塌的方向跑。

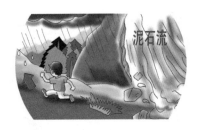

泥石流

冰 雹

冰雹是一些小如黄豆，大似鸡蛋的冰粒，在夏季或春夏交替之际最为常见。

冰雹预警信号

冰雹橙色预警

6小时内可能出现冰雹天气，并可能造成雹灾。

冰雹红色预警

2小时内出现冰雹的可能性极大，并可能造成重雹灾。

1 尽量在室内躲避，关好门窗，以免冰雹砸碎玻璃。

2 若在户外，用雨具、背包等保护头部，并尽快转移至室内，避免被砸伤。尽量不在高楼屋檐下、烟囱、电线杆或大树底下躲避冰雹。

3 若身处户外，没有遮挡物时，应躲在背风处，双臂交叉保护头部和脸部，屈体下蹲，手背部向上，尽量减少身体的暴露部位。

4 下冰雹时，要顺着风向走。

5 防冰雹的同时，也要做好防雷电的准备。

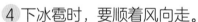

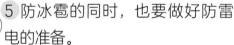

高 温

日最高气温达到或超过 35 摄氏度时称为高温。

高温预警信号

高温黄色预警

连续三天日最高气温将在 35 摄氏度以上。

高温橙色预警

24 小时内最高气温将升至 37 摄氏度以上。

高温红色预警

24 小时内最高气温将升至 40 摄氏度以上。

1 研学旅行遇高温天气，尽量不要在一天中气温最高、阳光直射的时间段——12点至14点之间外出活动。

2 高温天气外出研学，要带好遮阳帽、护臂等物件，以防皮肤晒伤。

3 要注意及时补充水分和盐分，补足补够、少量多饮。

4 随身携带防暑药品，如藿香正气滴丸、清凉油、十滴水等，一旦出现中暑症状要立即服用药物缓解。

5 保证充足的睡眠。高温天气下的研学旅行不可太过劳累，充足的睡眠可以使大脑和身体得到放松。

少量多饮

藿香正气滴丸
清凉油
十滴水

随身携带

6 饮食以清淡为主，如青菜、瓜果，多喝汤、多饮茶。不要吃过多的辣、油腻食品，以防上火和身体不适。

饮食清淡

7 从室外回到室内满身大汗时，不宜立即用冷水洗澡，应先擦干汗水，稍作休息再用温水洗澡。

8 室内空调温度应控制在 26~28 摄氏度，避免冷风直接吹向头部或身体其他部位。

雷 电

雷电是伴有闪电和雷鸣的一种自然现象，一般产生于对流发展旺盛的积雨云中，常伴有强烈的阵风和暴雨。

雷电预警信号

雷电黄色预警

6 小时内可能发生雷电活动，可能会造成雷电灾害事故。

雷电橙色预警

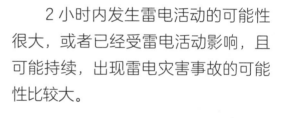

2 小时内发生雷电活动的可能性很大，或者已经受雷电活动影响，且可能持续，出现雷电灾害事故的可能性比较大。

雷电红色预警

2 小时内发生雷电活动的可能性非常大，或者已经有强烈的雷电活动发生，且可能持续，出现雷电灾害事故的可能性非常大。

自救攻略

1 雷电天气应减少外出，但身处室内也要注意以下几点：

①关好门窗，以防雷电窜入室内造成危险。

②不要打电话、看电视、玩电脑等。

③尽量不要使用电器，最好拔掉电源插头。

④不要靠近室内的金属设备，不要穿潮湿的衣服，不要靠近潮湿的墙壁。

⑤尽量不要使用热水器洗澡、淋浴。

2 若不得不外出，在室外要注意：

①避开高压线行走，不要在树下躲雨。

②迅速躲在有防雷设施保护的建筑物内，或有金属顶的车辆、金属壳体的船舱中。

③如果雷电已经到了你的头顶，应立刻在附近的低洼处坐下或蹲下，双腿并拢，背要平，头要低下。

④不要打伞，不要在铁栅栏、铁路轨道、金属晾衣绳等可导电的物体旁停留。

⑤不要骑摩托车、自行车，不要在雨中狂奔。

⑥远离建筑物的避雷针及其接地引下线。如果发现附近电线被雷击断落地时，要两脚并拢快速逃离现场。

不要狂奔

③ 若有头发竖起或有蚂蚁爬动的感觉，可能是被雷击的征兆，要立刻趴在地上。

④ 若身边有同伴遭到雷击，立刻实施急救，首先扑灭伤者身上的火焰，然后对伤者进行人工心脏按压和人工呼吸，同时请求旁人帮助拨打"120"急救电话。

大　雾

当近地层空气中悬浮了无数小水滴或小冰晶，导致人的视线模糊不清，以致水平能见度低于 1000 米时，称为雾，当水平能见度不足 500 米时，就是大雾。

大雾预警信号

大雾黄色预警

12 小时内可能出现能见度小于 500 米的雾，或者已经出现能见度小于 500 米、大于等于 200 米的雾并将持续。

大雾橙色预警

6 小时内可能出现能见度小于 200 米的雾，或者已经出现能见度小于 200 米、大于等于 50 米的雾并将持续。

大雾红色预警

2 小时内可能出现能见度小于 50 米的雾，或者已经出现能见度小于 50 米的雾并将持续。

① 多喝白开水，多吃含维生素的水果和蔬菜，保证肺部健康。

② 尽量待在室内，不要出门。

③ 如果要外出活动，须携带照明设备，如手电筒等。

④ 过马路时要注意仔细观察路面情况，安全时快速通过。

⑤ 大雾时外出要紧跟队伍，不要擅自逗留，以防和队伍走散。

雾霾

雾霾是一种大气中的各种悬浮颗粒物，尤其是细颗粒物（PM2.5）含量超标的大气污染状态。城市的人口密度较高，经济、社会活动排放了大量细颗粒物，一旦排放超过大气循环能力和承载度，细颗粒物的浓度将持续积聚，极易形成雾霾天气。

雾霾产生的原因如下：

①静风现象增多和出现逆温现象，使悬浮颗粒难向高空扩散而阻滞在低空和近地面。

②机动车尾气也是雾霾颗粒的最主要成分。

③工业生产排放的废气。

④建筑工地和道路交通的扬尘。

雾霾预警信号

预计未来 24 小时内可能出现下列条件之一或实况已达到下列条件之一并可能持续：

雾霾黄色预警

（1）能见度小于 3000 米且相对湿度小于 80% 的霾。

（2）能见度小于 3000 米且相对湿度大于等于 80%，PM2.5 浓度大于 115 微克 / 米^3 且小于等于 150 微克 / 米^3。

（3）能见度小于 5000 米，PM2.5 浓度大于 150 微克 / 米^3 且小于等于 250 微克 / 米^3。

预计未来 24 小时内可能出现下列条件之一并将持续或实况已达到下列条件之一并可能持续：

雾霾橙色预警

（1）能见度小于 2000 米且相对湿度小于 80% 的霾。

（2）能见度小于 2000 米且相对湿度大于等于 80%，PM2.5 浓度大于 150 微克 / 米^3 且小于等于 250 微克 / 米^3。

（3）能见度小于 5000 米，PM2.5 浓度大于 250 微克 / 米^3 且小于等于 500 微克 / 米^3。

预计未来 24 小时内可能出现下列条件之一或实况已达到下列条件之一并可能持续：

雾霾红色预警

（1）能见度小于 1000 米且相对湿度小于 80% 的霾。

（2）能见度小于 1000 米且相对湿度大于等于 80%，PM2.5 浓度大于 250 微克 / 米^3 且小于等于 500 微克 / 米^3。

（3）能见度小于 5000 米，PM2.5 浓度大于 500 微克 / 米^3。

自救攻略

1 不要打开居住酒店的门窗通风，等太阳出来后再开窗通风。

2 外出时戴帽子、口罩，尽量穿长衣。外出归来清洗面部及裸露的肌肤。口罩最好选择棉质，基本上不会过敏，且易清洗。

3 尽量减少在户外活动的时间，做到"短平快"（短暂停留、平和呼吸、小步快走）。

4 在户外时，应用鼻呼吸，鼻腔里的鼻毛和黏液可以吸附空气中的有害颗粒物。

5 多喝温水，饮食清淡，多吃新鲜水果和蔬菜。

多吃新鲜水果

研学旅行中，如何应对社会安全事件？

请站在黄线内候车

我们的研学旅行，从出行到结束，难免会去到一些人员众多的公共场所：集合出发的火车站、汽车站、机场等地，外出用餐的餐厅，研学途中热门的研学地……这些人流量较大的地方更容易发生社会安全事件，如接下来提到的暴力事件、拐骗、踩踏事故等。

社会安全事件的危害性很大，因此，我们要学会如何预防或减轻它所带来的伤害，以及真正遭遇到这类事件时，我们要如何保证自己和同行伙伴们的安全。

暴力抢劫或拐骗

当前社会治安中仍存在一些潜在的危险，作为学生，我们要学会正确认识遇到的人和事，区分善恶，明辨是非，提高预防各种侵害的警惕性，还有树立自我防范意识，掌握一定的防范方法，在遇到危险时能够冷静、机智地去面对。

避险措施

1 要熟记自己研学旅行所居住酒店的位置，同伴、同行老师的姓名、电话号码，以便在紧急时取得联系。

2 不要随便暴露自己的贵重物品。

3 外出研学旅行要将自己的行程及时告知父母，时刻保持联系。

4 不接受陌生人的钱财、礼物和食品，与陌生人保持距离。

5 不要独自行动，要跟紧同伴和同行老师。

6 尽量不去偏僻的巷子、地下通道等地。

7 对于陌生人提出的任何要求和请求要坚决拒绝，如果他们真的需要帮助，会求助大人，而不是小孩子。

8 步行时要走人行道，尽量远离马路一侧，以防被飞车抢劫。

9 外出时结伴同行，选择安全的路线，保管好贵重物品。

遭遇拐骗或绑架

1 在公共场所受到威胁时，要立刻向人多的地方走，寻求大人的帮助。

2 如果被关在室内无法逃脱，要保持冷静想办法了解自己的地址，犯罪嫌疑人的人数、口音等情况。

3 如果歹徒要捆绑你，你可以把肌肉绷紧，这样比较容易打开绳结。若嘴被胶带封住了，可以用舌头舔，唾液可以使胶带的黏性失效。

4 设法与外界取得联系，比如说趁人不备写小纸条丢到窗外等。

5 寻找机会报警。见到警察要立刻暗示或大声呼喊寻求帮助。

6 要留意对方的体貌特征，如身高、年龄、体态等，一旦获救，要及时将这些信息告诉家长、老师和警察。

遭遇抢劫或敲诈等

1 不要激烈反抗，以防对方使用暴力行为。

2 假装顺从，在对方放松警惕时，看准时机逃脱。

3 可以先将身上携带的少量财物交给对方，记清楚对方的相貌特征、衣着等信息，及时向公安机关报案。

踩踏事故

研学旅行途中，我们可能会去到一些人流量很大的地方，一旦有人摔倒或有任何骚动，很容易导致人群惊慌失措，进而四散造成踩踏事故。

避险措施

1 在拥挤的公共场合，听到会引起骚动的消息时，如"有炸弹"，要迅速加以甄别，及时保护自己和他人。

2 尽量避免在人流量大、人们情绪激动的区域活动。

3 不要听信谣言，盲目逃跑。

① 在人群拥挤的公共场合，如果发现人群开始骚动，要引起警觉，迅速避开人群，不要奔跑，以防摔倒。

② 不要逆着人流走，以防被推倒，造成踩踏事故。

③ 尽量走在人流的边缘，不要身体前倾、降低重心，即使鞋子被踩掉也不要贸然地弯腰提鞋、系鞋带。

④ 在人流中要远离玻璃窗，以防玻璃破碎而被扎伤。

⑤ 如果自己前面有人摔倒，要立刻停下脚步，大声呼救，告知后面的人不要向前靠近。

⑥ 在人群中应采取左手握拳、右手握住左手手腕、双肘撑开平放胸前的姿势。

⑦ 如果被推倒，要设法靠近墙壁，面向墙壁，身体蜷缩成球状，双膝尽量前屈，护住胸腔、腹腔的重要脏器。双手十指交叉，护住后脑、颈部和双侧太阳穴。

⑧ 尽量抓住牢靠的固定物，待人群走过再迅速离开现场。

⑨ 若发现伤者，要立即拨打"120"，同时寻求大人的帮助。

砍杀或恐怖爆炸

在陌生的地方，若遇到一些暴力砍杀事件，应如何避免自己和同伴受到伤害呢？若遇到疑似恐怖爆炸事件，又该如何保护自己呢？

1 在公共场所活动时如果发现可疑人员有异常行为，要迅速远离现场，报告附近的民警和保安。

2 发现可疑人员时要保持镇静，不要用怀疑的目光长时间注视可疑人员，以防引起对方的警觉。

3 可疑人员可能的特征：①东张西望、神情恐慌。②着装异常。③携带疑似违禁物品。④在一个地点反复徘徊。

4 发现无人认领或者来历不明的物品时，不要轻易接近或打开，应及时报警。

5 识别各种危险标志，不进入危险地方、接触危险物品。

6 不要接收或打开来历不明的快递。

① 如果遇到可疑人员突然掏出尖刀、铁棍等凶器伤害路人，要迅速捡起身边任何可以保护自己的器物，做好防御准备，并立刻高声呼救，逃离现场。

② 如果人群密集无法迅速逃离，要利用身边的建筑物、树木等物体进行阻挡，拉开与歹徒的距离，躲避砍杀，保护自己。

③ 如果遇到歹徒没有东西可以防御时，可以迎面倒地，双腿弯曲，不停地交替蹬踹，这样可以使歹徒难以下手，也可以趁机踢掉歹徒手中的凶器。

④ 尽量不要与歹徒正面搏斗。

⑤ 如果成功躲避歹徒、身处有利位置，要迅速拨打"110"求救，或发送短信至"12110"。报警时应说清楚时间、地点、歹徒人数、歹徒的基本体貌特征等。

⑥ 危险解除后，要在工作人员的指挥下有序离开。

7 如果发现可疑爆炸物，不要触动，及时通知同伴和同行老师，并拨打"110""119"等报警电话。

8 听从相关人员的指挥，有序撤离，不要拥挤，以免发生踩踏事故造成伤亡，并注意保证道路畅通。

9 撤离时要从安全出口撤离，不要乘坐电梯，远离区域封锁。

10 如果爆炸物可能马上就要爆炸，或者已经初次爆炸，要迅速找到有利的位置躲避，比如墙壁后、房门后、柱子旁等。

11 在专业排爆人员来之前，不要靠近爆炸物和现场。

应急救护知识

三角巾包扎法

1 普通头部包扎：将三角巾底边折叠，放置于前额拉至脑后，相交后打一半结，再绕至前额打结。

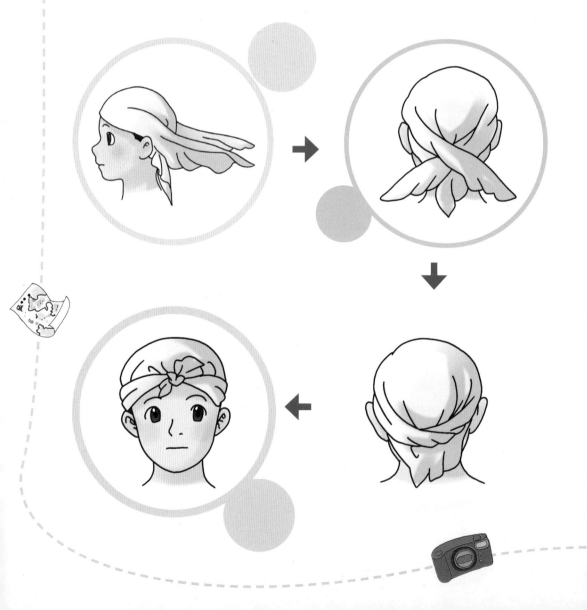

2 风帽式头部包扎：将三角巾顶角和底边中央各打一结成风帽状。顶角放于额前，底边结放在后脑勺下方，包住头部，两角往面部拉紧向外反折包绕下颌。

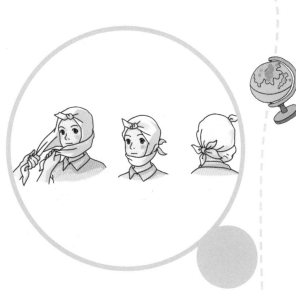

3 普通面部包扎：将三角巾顶角打一结，在适当位置（眼、鼻、嘴处）剪孔。打结处放于头顶处，三角巾罩于面部，剪孔处正好露出眼、鼻、嘴。三角巾左右两角拉到颈后在前面打结。

4 普通胸部包扎：将三角巾顶角向上，贴于局部，如系左胸受伤，顶角放在右肩上，底边扯到背后在后面打结，再将左角拉到肩部与顶角打结。

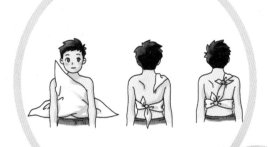

⑤ 额头包扎：将三角巾折成一条窄带，环绕在额头上打结。

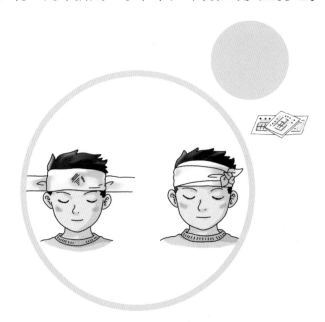

⑥ 托臂包扎：将三角巾的等腰顶点置于受伤手臂处，折叠三角巾于颈旁打结。

心肺复苏法

　　心肺复苏的对象主要是意外事件（如溺水、车祸、触电、毒气、药物中毒、摔伤等）中心跳和呼吸停止的病人，而非心肺功能衰竭或绝症终期病患。一旦患者停止呼吸、心跳，应在第一时间抢救，最好在 4 分钟以内。

　　心肺复苏的目的是开放气道、重建呼吸循环，使病人的脑细胞因有氧持续供应而不致坏死。

　　一、检查和呼救

① 轻拍肩膀，大声呼喊伤者姓名，询问伤者情况。

② 若伤者丧失意识，要大声呼救引起周围人的注意。

③ 请求救援，拨打"120"。

二、胸外按压

1 将伤者仰卧于坚实的平面上，将右手食指与中指沿着肋骨边缘滑至胸骨下端的剑突位置。

2 左手掌根部贴紧右手食指，定位按压位置。

3 右手掌根部放于左手的手背上方，双手掌根重叠。

4 按压时，身体前倾，手臂伸直，双臂与胸骨水平垂直，用上身的力量将患者胸骨用力向下按压。

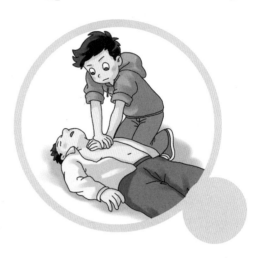

三、开放气道

1 将伤者姿势摆正为仰卧位置，救援者应位于伤者一侧。

2 救援者将一手手掌根轻压于伤者额头，并用另一手食指与中指将伤者的下巴轻轻抬起。

3 查看伤者是否还有呼吸或呼吸是否顺畅。

四、人工呼吸

1 气道打开后，一手捏住伤者鼻子，另一手保持抬下巴动作。

2 深吸一口气，并将嘴包住伤者口部，吹入气体（500~600毫升）。

3 连续吹气两口后，放开捏鼻的手。

注意事项：

·确认病人已经失去知觉才可实施心肺复苏。

·施救时要在安全区域。

·病人要仰卧在硬板床或地面上，以确保按压时病人不摇动。

·人工呼吸时吹气量应是成年人深呼吸的正常量。

·注意清除呼吸道中的分泌物、泥沙等。有些病人舌后坠会堵住气道，应该把舌头拉出来。

·若病人带有假牙，人工呼吸前应取下。

·按压时要双臂伸直，使用身体的重量均匀地按压。按压要有规律，不要左右摇摆，也不要冲击似地按压。按压的频率成人是 100 次 / 分，按压的力度以胸骨下陷 4 ~ 5 厘米为宜。

·胸外心脏按压应与人工呼吸交替进行。先做 30 次按压，再做 2 次人工呼吸，如此类推。

·施行急救，须一直做到有呼吸及有脉搏或后续支持到达为止。

·如患者意识已清醒，采取侧身休息姿势，等待后续支持到达或送医治疗。

·没有经验的人士千万不要随便为他人做心肺复苏。

公众服务常用电话、紧急电话

1 报警电话 110

2 公安短信报警号码 12110

3 消防报警电话 119

4 急救电话 120

5 道路交通事故报警电话 122

6 查号电话 114

7 全国法律服务热线 12348

8 水上遇险求救电话 12395

9 气象服务电话 12121

10 红十字会急救电话 999

11 森林火警电话 95119

12 全国铁路客服电话 12306

13 教育部反霸凌专线 0800-200-885

14 中国香港急救报警电话 999

15 中国澳门急救报警电话 999

16 中国台湾警局电话 110

全国国家机构监督、投诉、抢修、举报电话

1 电力系统客服电话 95598

2 消费者投诉举报电话 12315

3 质量监督电话 12365

4 环保监督电话 12369

5 公共卫生环境投诉 12320

6 价格监督举报电话 12358